NUMBERS IN ACTION

THE ALL NEW

MulTable

Have fun, learn, and challenge yourself!
For ages 8 and up

By
I.M. El-Minyawi (Omar)

all rights reserved

INTRODUCTION

Numbers and basic math operations are as important as the alphabet and reading. Math is the language of business, science, and technology, and is simply indispensable to our lives. Understanding, embracing, and using math gives a person an undeniable advantage and comfort in life. A large sector of our society shuns mathematics, but to their own loss – math is pivotal to the advancement of society and to an individual's welfare. This book is a good step towards that goal.

Two of the most useful and practiced operations in math are multiplication and division. Although in this day and age we have access to calculators, computers, and cell phones, it is still essential to know how to multiply and divide without the help of machines This skill helps us truly understand the answers we receive from our gadgets that we so often rely on.

This book offers a new and creative way to mix numbers, solve problems, and learn multiplication and division. MULTABLE is also a cross-numbers exercise and users could practice their crosswords techniques here. Only numbers from 1-9 are used inside the table (0 is not used for obvious reasons, and larger numbers are avoided at this stage). This book also focuses on 6x6 multiplication table grids in order to make the puzzles workable for ages 8 and up.

The exercises in this book comply with **STEM** and **core** requirements at schools. Teachers could use sheet(s) of this book as fun multiplication and division speed contests. Depending on the skill level of students, these puzzles can be done with or without the calculator.

"FIGURE" IT OUT

A pencil, an eraser, and (maybe) a calculator are needed.

The 100 exercises in this book - one per page - are centered around multiplication and division, and solving for missing missing numbers. It is paramount to find the correct spot to begin the puzzle in order to succeed.

Numbers in each row are multiplied together and the product is listed at the right side.

Numbers in each column are multiplied together and the product is listed underneath.

There are 12-13 unknowns in each exercise for the player to calculate.

Only numbers from 1-9 are used inside the 6x6 MULTABLE.

You figure out the missing 12 or 13 entries in each exercise. In the first 50 exercises, all the missing entries are inside the table. In the last 50 exercises, two of the missing numbers are products and not multipliers.

Exercises in this book fit squarely with STEM and core requirements at schools and we encourage teachers to use MULTABLES as activity and work book and to organize timed-contests for students around it.

In the near future we will publish extensions of this book that would include larger tables, higher number of unknowns and larger numbers inside table.

TIPS TOWARD SOLUTIONS

Most of the time, you have to use trial and error to find the missing entries in the table.

When odd numbers multiply, the product is odd. When an even number multiplies any number, the product is even.

If the product of multiplication ends with (0) or (5), then (5) is one of the multipliers.

How to choose the easiest column or a row to start solving the MUTABLE:

Easy Cases
If the two unknown numbers in a column or a row multiply to 1, 25, 49, 64 or 81 then the two numbers are (1,1), (5,5), (7,7), (8,8) and (9,9) respectively and the rest of the table is easy to solve.

If the two unknown numbers multiply to 1, 3, 5, or 7 then one of the numbers is 1 and the other one is 1, 3, 5, or 7 respectively and you need to find where to place each of these.

Assume the two unknown numbers in a row (column) multiply to 42, then the two multiplier numbers must be 6 and 7, and the task becomes to guess which vacant spot takes 6 and then the second one takes 7. Corresponding columns (rows) will give you some indication.

Harder Cases
If you start with a column or row where the two unknown numbers multiply to 12 for example, then there are two possibilities (2x6) and (3x4) and you may have to try both possibilities to see which one works fine with the rest of the table.

So, you better start with a row or a column that is similar to easy cases mentioned above.

MULTABLE EXERCISE #1

512	14580	224	640	24192	21168
	4	1	4		8
	9	1	5	9	
7	1	1		2	5
4	8			4	2
9		6	8	9	3
8			7		
32256	8064	12	8960	4536	4320

MULTABLE EXERCISE #2

	1728	1134	23814	21168	14112	104976
69984	4	3	9	9		
98784	4	7		8	7	
2016			7	2	4	6
13608		1		7	9	6
6804	9		3		1	4
1134	3	1	2			9

MULTABLE EXERCISE #3

	162	2520	3584	1890	2520	18432
2268		3		6	7	3
1600	2	5	4		1	
40	1	2		1		2
1728	3		4	1		6
28224		7	8		9	8
18144	9		7	9	1	

MULTABLE EXERCISE #4

	5760	1728	10752	9072	17010	1536
432		1	4		6	1
12096	8		7	1	9	
165888	8	9			9	8
252		1	3	7		4
2880	1		4	9		2
40320	5	4		6	7	

MULTABLE EXERCISE #5

	1440	12096	5184	54432	6174	8064	
	2	4	9	7			7056
	5		8		3	6	17280
	4	3	1		7		3024
		9		6	7	2	6804
	9	4		4		7	16128
			1	9	3	8	6048

MULTABLE
EXERCISE #6

	4536	896	2880	720	1152	504
	1		8	2		1	32
		1	2		8	2	960
	6		5	2	4		3360
	7	2		3	3		5292
		8	1	6		3	576
	9	4			6	6	15552

MULTABLE EXERCISE #7

	1152	4200	648	9800	48384	12096	
	2	5			4	4	2240
	6	4	3	5			22680
		5	2	8	6		3840
		7	6		8	6	28224
	6		1	1		4	144
	2			5	6	7	22680

MULTABLE EXERCISE #8

	3456	7560	3888	756	432	3888	
			6	9	2	6	7776
	6	3		3		9	4374
	2	6	9		3		5832
	9	7			1	2	756
	2		2	7	4		560
		4	2	2		4	1536

MULTABLE
EXERCISE #9

	40960	5670	168	11025	648	62208
18144	8		3	7		4
7840	8			7	1	4
5400	5	3			9	8
8640	8	6	1	5		
16128		7	8	3	2	
162		1	1		3	9

MULTABLE EXERCISE #10

	1680	18144	1458	2205	27216	30240	
	2	3		5	2		600
			1	3	9	7	3402
	7		9	1		8	14112
	5	3	3		9		5670
		8	3		6	6	12096
	6	4		3		9	40824

MULTABLE
EXERCISE #11

	1536	1200	20736	10800	3584	3528	
	2	1		6	4		672
		2	8	9	7		12096
	8		6	5		3	14400
	6		4	4	1		1440
	1	8		4	7		2016
		5	6		8	8	15360

MULTABLE EXERCISE #12

	42336	18144	41472	8820	31752	6912
3888	9	1	3		2	
38880	2	9			9	8
4032		7	8	1	6	
7056	7	4		4		1
145152			8	7	6	6
98784	7		4	7		9

MULTABLE EXERCISE #13

	3024	3888	34560	1440	90720	2800
1920	2		5		4	4
15120		4		5	7	2
1296	3	9	3		8	
10080		2	8	2		5
9720	1	9		3	9	
40320	8		6	8		7

MULTABLE
EXERCISE #14

	22680	6720	3840	9720	28224	768
12288	4		3			4
4536		6			7	2
7560	5	7		9	6	
12096	9	1	4			6
9600			5	5	8	4
2520	7		4	3	3	

MULTABLE EXERCISE #15

	63504	16	60480	16128	16128	12960
12096	7	1	9			3
2592	4	1			9	2
2400	6			4	4	5
18816			8	4	7	6
9216	6	4	4	3		
15876		2	7	7	2	

MULTABLE EXERCISE #16

	12800	840	6480	294	3072	5184
16128	8	4		7	1	
2688	8	7		1		4
33600		5	6	7	8	
1080	5	3	9			2
2160		5	1		3	9
96	1		1		8	2

MULTABLE
EXERCISE #17

	6720	630	3600	12096	252	1458
11664	8		6	2	7	
648		6			7	1
12960	6	2		5		5
840		1	8		3	8
588		1	6	2	7	7
1400	9	9	9	2		

MULTABLE EXERCISE #18

	42336	1512	60480	4374	17280
4		6	6	3	
3	2		5	2	
6	6			9	2
1	9	2			6
		3	6	9	6
	7	7	8		6

Row totals (right): 17280, 4374, 60480, 1512, 42336, 5832
Column totals (top): 17280, 2880, 4536, 648, 61236, 190512

MULTABLE
EXERCISE #19

	98784	1620	288	3600	3456	6048
13824	6	4			8	4
2880		5		2	9	4
12960	6	3	8	5		
3024			3	4	4	9
1176	7	3	2			7
1890	7		3	5	2	

MULTABLE
EXERCISE #20

	62208	3024	2430	48384	3888	16128
2880			5	3	3	8
62208	9	3	6			8
209952		8		6	6	9
288	6	2	1	6		
28224	8	7		8	9	
4536	2		9		1	4

MULTABLE
EXERCISE #21

	88200	42336	1080	45360	103680	8064
51030	9	7	5			2
11340		9	3		6	2
5120	5	2	1	8		
40320	8			6	5	7
60480	5		8	3	8	
21168		6		7	6	4

MULTABLE EXERCISE #22

	512	1120	1080	54432	5292	25920
30240	8	5			7	6
6912	4		4		3	8
480		8	1	6		5
93312	8		9	8	9	
72	2	1		2		3
6860		7	5	7	7	

MULTABLE EXERCISE #23

	10800	5760	8640	48600	40824	3888
7200	5	4	5			6
97200		5	8		6	9
1620	9		3	5	4	
17496	4	3		6	9	
8064	2		1	9		8
25920		4		5	9	3

MULTABLE EXERCISE #24

						Product
6	2		2	7		720
		2	3	7	6	480
2	1	7		5		1344
5	4		4		1	1296
	6	8	6		4	26460
4		3		2	4	576
336	3780	3780	960	10368	192	

MULTABLE
EXERCISE #25

	4320	40824	4800	14175	2268	5040	
		9	5		3	7	42525
			8	5	1	5	3200
	6	3		9	2		972
	9			7	6	4	108864
	2	7	3		5		2940
	2	6	5			6	3240

MULTABLE EXERCISE #26

	576	3136	336	24192	7560	1890	
		1		1	9	2	36
		8	7	8		5	15680
	8		1		2	7	7168
	3			6	5	3	270
	2	7	8		3		7056
	6	7	6	9			27216

MULTABLE EXERCISE #27

31104	512	1008	1620	64827	12096	
	4	7	3		4	4704
9		2	6	9		2916
9	2	6	1			2916
	8		6	7	7	56448
8	8			7	8	17920
6		2		7	2	504

MULTABLE
EXERCISE #28

	567	3456	144	1800	42336	12096
1296	3	3	2		6	
2688	3	8	4			4
5040	7		1	5	2	
27216			6	9	7	8
672		2		2	8	7
810	1	3		5		2

MULTABLE EXERCISE #29

	448	324	17280	72576	26460	6300
756		1	3	7		6
882	2	1	3		7	
17920	7		8		5	2
10935	1			9	9	3
2560	2	1	8	8		
90720		9		6	7	5

MULTABLE EXERCISE #30

	27216	10584	4032	294	5376	5120
14112	6	3	7		4	8
28224	9	7				
1372	7			1		2
1152	3	4	3			
3888		6	3	3		4
3840			8	2	4	5

MULTABLE
EXERCISE #31

		3	9	4	9	17496
3	4	9	7		5	76545
3	4	7			7	7056
6	4	4		1		1536
	8		1	5	5	400
1	2		5	4		2240
108	20736	10584	2520	2160	100800	

MULTABLE
EXERCISE #32

	1024	61236	9408	432	2268	92610	
	4	9	6			7	18144
		7		3	7	5	11760
	8	9		3	2		21168
			4	1	9	6	864
	2	9	4	8			5184
	2		7		9	7	2646

MULTABLE
EXERCISE #33

	5040	1944	756	10584	15552	16464
7056	2		2	6	7	
648	1	6	9		2	
1764		2	2		3	7
7776	7	1		9		8
3528	8		7	6	4	9
90720		1	7	8		6

MULTABLE EXERCISE #34

	420	31104	960	864	13824	9720	
		4	4	3	8		6912
		3	8	6		1	144
	7		1		9	6	9072
	6	6		4	6		15552
	1		5	2		4	1440
	5	6			8	5	7200

MULTABLE EXERCISE #35

	2016	3888	2268	72	20160	54432
			7	9	8	6	27216
	4	3	4	2			4032
	7		9		6	8	108864
	4	4		1		9	3888
	2	4			5	3	120
		9	1	1	4		252

MULTABLE EXERCISE #36

	2304	17010	2160	4410	45360	10752
9072		6	6	1		6
70	1	5	1		2	
36288	8	7		6	9	
129024	8	9		7		8
1050		6	5	5		7
58320	6		5		9	8

MULTABLE
EXERCISE #37

	36288	20736	28224	392	8064	5184
3024	6	8	7		3	
18144	9	8			7	6
9408			7	7	4	4
1024		1	4	8	4	
145152	8		8	7		6
4536	7	9		1		6

MULTABLE
EXERCISE #38

	6480	4032	4374	64	72	720	
	5	9		1	6		1350
	4	2		8		4	9216
		1	3		1	9	243
	2		3	1	1		96
	9	7	9			1	2268
			9	2	2	1	576

MULTABLE EXERCISE #39

	576	192	3072	144	5184	378
48	2	1		1	2	
1792	4	4	8		1	
1152	6	1		3		2
648	3		1		6	3
2592			3	2	9	3
576		2	8	6		1

MULTABLE
EXERCISE #40

	1296	18522	4410	248832	12096	65856
3	3		6	3		2916
3		1	9	9		11907
	7	7	8		7	131712
	6		8	2	4	11520
2	3	6			8	10368
2		7		7	7	38416

MULTABLE
EXERCISE #41

	4032	47040	324	3528	69984	1470	
			6	6	4	1	4032
		5	1	7	3		840
	6	7	9			7	166698
	7	4	1		9		756
	2	6		2		7	4032
	3			6	9	5	12960

MULTABLE EXERCISE #42

	2	3	4	9		11664
4	7		5	9	9	3780
	1	4		9	6	3456
2			8	8	2	2592
4		3	4			10752
4	9	4			3	24192
6144	2646	432	8960	139968	11664	

MULTABLE EXERCISE #43

	4536	25920	3240	25920	1728	5760
17920			4	8	8	2
864		6	3	6	1	
32400	9		5		6	4
1080	6	3			2	5
10368	2	8	6	9		
17496	6	6		2		3

MULTABLE EXERCISE #44

7	8	4			8	**8064**
		3	7	1	7	**3528**
	9	3	9		1	**13608**
2			9	9	9	**11664**
3	9		1	4		**36288**
7	7	9			7	**12348**
21504	**8232**	**10206**	**13122**	**864**	**98784**	

MULTABLE EXERCISE #45

	1728	34992	110592	4374	13440	864
2592	9	3	8	1		
3024	5			8	7	4
3456	9	3	3		3	
20736			8	8	4	6
5184		6	9	9	3	
116640	8	2			3	6

MULTABLE EXERCISE #46

14112	1792	7776	15680	23328	1920	
		8	5	8	1	15360
7	2	6		6		32256
	2	1		3	5	120
3	7	6	7			63504
4	1		8		3	7776
7			7	2	2	4704

MULTABLE EXERCISE #47

	20412	18144	8064	3024	3840	9216
10368	9		6		2	8
3888	3	8			2	3
72576	6	6		6		8
13230	9		1	7	5	
2688		3	8	1		2
3072		3	8	4	4	

MULTABLE EXERCISE #48

	21952	28224	2352	4032	2688
576	7		4	2	3
	7	7	4		8
6	7		7	4	
1	1	6		7	
		4	3	6	1
4		4			8

Column headers (top): 8064, 9408, 14112, 9604, 144, 6144

MULTABLE EXERCISE #49

	3888	7776	3024	1458	5880	18144
5832	9	3			2	4
96768			4	9	7	8
6480	2		4	3		9
162		3	3	2	3	
10584	3	8	7		7	
2268	3	3		9		7

MULTABLE
EXERCISE #50

	23814	24192	1120	7168	4608	6720
960	3	8	5	8		
3456	9	3			8	8
1344	7		1	4	4	
14336		4	4	7		8
41160		7	7		3	5
54432	9			2	6	7

MULTABLE EXERCISE #51

1	9		4	2		4536
3	1			8	2	768
8	6	8		6	2	-
	3	2	3	9		2268
		9	2	7	4	6048
2		1	9		2	2268
1568	-	12096	2592	3402	384	

MULTABLE EXERCISE #52

	648	–	20736	19440	7200	3024
2160		4	6	9		1
34020	9	9			4	7
6048	3		6		8	6
–	2	8	8	8		8
2520		7	8	9	5	
8748	6	9		6	1	

MULTABLE EXERCISE #53

	960	36	1944	14112	432	-	
	4			4	6	9	7776
	2	1		1		4	48
	1	6	9		2	8	-
		2	2	7		9	1512
		1	6	8	2		2400
	4		3		6	9	4536

MULTABLE
EXERCISE #54

	1458	7560	6048	448	10752	-
		1	9	2		9	10206
	3	5	4		6		11520
	2			4	4	3	672
	3	9		7	8	8	-
	1	3	2		8		1536
		6	8		1	5	2160

MULTABLE EXERCISE #55

	-	14112	8748	2880	9072	4096
-	5		9	5	4	2
8064	8	7		1		8
9408		7	1	8	7	
13608	7	9			9	4
13824	4	2	6	9		
1296	6		9		3	1

MULTABLE EXERCISE #56

9	2	6			1	4536
2		1	7		6	168
	8		4	2	8	1024
1			9	4	9	2268
	3	9	1	7	8	-
2	3	6		5		2880
504	2016	324	3528	1680	-	

MULTABLE EXERCISE #57

	5184	6480	2520	1008	-	10368
72	1	3	3		4	
2592		4	3		6	2
3456		3		4	2	6
-	6	4		7	7	8
32400	6		5	6	4	
6912	4		2	2		6

MULTABLE
EXERCISE #58

	-	640	144	768	1728	960	
	9	4	1	8			864
			4	2	4	2	256
	6			2	4	1	2304
	8	1	1		6		240
	7	5	6	6		4	-
	6	4			2	8	1536

MULTABLE
EXERCISE #59

5	9	7			3	3888
1	7	9			1	3024
	7	3		6	2	972
4	5		9	4		15120
	7	8	4	3	9	-
9	-		3	6		6300
945	5103	1764	18144	13500	-	

MULTABLE EXERCISE #60

9		2	8	6		20736
4		3		3	7	9072
	4		3	2	9	1080
1	2			4	9	3888
9	4	7	8		9	-
	3	1	1		9	324
9720	2592	252	6912	2016	-	

MULTABLE EXERCISE #61

—	34560	32	2520	18144	1296	
6	2	1		6		720
5	9		7		4	11340
8		8	3	3	6	—
	5	1		2	9	4860
7		4	2		1	3584
9	8		2	7		3024

MULTABLE
EXERCISE #62

	1152	1440	81	2940	-	1728
252	1		3		7	2
-	4		3	7	4	9
896		1	1	7	4	
7776	6	8	1	6		
150		5		5	1	1
2592	1	2			9	8

MULTABLE
EXERCISE #63

	-	31104	8748	5880	53760	36288
1800	5		1	5	4	
65856	7	4	6			8
45360			9	8	5	3
52488	9	9			8	3
6912	8	9	2	1		
-	5	8		7	8	7

MULTABLE EXERCISE #64

	23040	1176	588	–	17280	192	
	6	8	6		5	8	2160
		8	7		4	2	–
	3			8			21168
		7	4	9	9		18144
	5		1	8		2	640
		3	1	7		3	252

MULTABLE
EXERCISE #65

6		3	8		1	3024
4	9	4	5			1440
3	8		9	2		3024
9	7			6	2	6048
	3	2	7	9	3	-
		1	4	6	9	2592
18144	31752	168	-	1944	108	

MULTABLE EXERCISE #66

	27	12348	12096	2016	-	1344
-	9	3		9	6	3
1176	1			7	8	1
1792		2	7		2	8
2016	1	7	6	1		
294		7	6	1	7	
8064	3		2		8	7

MULTABLE EXERCISE #67

	–	5670	1750	3072	128	240
504	7	3	1	4		
–	2	6	5		2	8
540	9	1			2	5
4320			5	8	4	1
1372	7	7		2		2
1600	8		5	2	4	

MULTABLE EXERCISE #68

	-	192	300	8064	9072	8400
10800	9			3	2	5
-	6	2	6	6		7
5040	3	6	5	4		
90	9	1			1	5
1323		1	1		9	3
16128	7		2	8	9	

MULTABLE EXERCISE #69

	24192	1440	17496	15680	11664	-
512	8	2		4		8
-	7	9	9	4		6
25920	3	5	9		6	
6048	2		3		9	8
21504			8	7	6	2
16200		2		5	4	5

MULTABLE EXERCISE #70

	1080	480	3136	-	15680	6804
2160		2		5	4	9
768	1	4		6	8	
2880	9		4	8	2	
-	5	4	7	6		6
17640		3	7	6		7
3528	1		8		7	9

MULTABLE EXERCISE #71

	2160	-	15120	9720	6480	46656	
		6		5	6	9	24300
	6		6	1	5		6480
	6	9	6		3	9	-
		9	5	3		6	29160
	1	6			3	8	5184
	2	9	7	9			13608

MULTABLE EXERCISE #72

	2592	288	—	864	2880	378	
		1	4		6	2	2304
	9		8	1	8	7	—
	1	6			4	9	11664
	6	2	7	1			420
	4		4	2	3		768
		1	7	9		3	378

MULTABLE EXERCISE #73

	2240	900	4608	1620	2646	
–	9	9		3	7	6
315	1	5	3	2		7
2430			3	2	1	
1536		7	2		6	
28350		8	6		9	
1344		2	8	3		
–			8		7	

MULTABLE
EXERCISE #74

	3840	5488	350	5184	1920	–
1152	4		4	6	8	
15750		7	7			1
–	1	5		2	3	7
4608		3	9	4	8	
12096		5	4		9	1
252	9		5	4	9	

MULTABLE EXERCISE #75

	6048	2520	5880	–	10080	1575
2160	8	9		6	5	
17280	6			9	2	5
882		1	7	3	7	
37800		5	5	6		7
–	7		6	8	9	3
700	1	1	7			5

MULTABLE EXERCISE #76

	672	6912	7560	1512	-	896	
	1		5	2	3		120
		9	1	3		7	6804
	3	8		6	7	2	-
	4	3			9	4	9072
		4	8	1	7		896
	7		7		3	2	14112

MULTABLE
EXERCISE #77

	2688	18144	1728	4200	6480	–
10752	7	8			2	4
–		9	7			
1680	8	3	2		9	7
3456	2		4	4	9	
12096		9	3	4		3
2880	4	7			8	

MULTABLE EXERCISE #78

8064	1792	-	31104	2304	9216	
2	4	8	6			3072
8	4	6		1		4608
		9	6	4	9	13608
8			2	6	4	3072
	4	6		4	8	20736
3	7	7	8		8	-

MULTABLE
EXERCISE #79

	16128	9720	72	18144	-	756
6912	4			4	9	4
-		9	1	4	7	9
3528	7		2	9	2	
9720		5		3	8	3
576	8	3	1			1
2016	1	9	4		8	

MULTABLE EXERCISE #80

	12096	–	192	16128	2058	4032
15552	6	6			3	6
5488	7		2		7	7
2352		6		7	7	2
1152	8	7	4	8		6
–		1	3	8	2	
324	3	9	2	6		

MULTABLE EXERCISE #81

	1080	–	13824	1080	1512	4536	
			9	9	3	3	15309
	1	1		3		3	108
	4	9	4	1			2304
		5		1	2	6	960
	5	7	6		7		22050
	9	8	2		3	7	–

MULTABLE
EXERCISE #82

	7056	1176	3360	-	630	2304	
	2		4	3		4	1440
	7		3		1	8	4704
	2	1		9	1		72
		1	5	3		6	4860
	7	8		8	7	3	-
		7	8	8	2		5376

MULTABLE EXERCISE #83

	3456	–	27648	5880	13824	7056
12096	6	7	6			8
9072	1		8		9	7
9720	4	9		5	2	
12096		7	2	6	8	
7168	8	2	8	7		2
–		8		7	4	7

MULTABLE EXERCISE #84

	896	6912	-	4704	41472	5832	
	4			8	9	9	62208
	4		7		4	4	1792
		3	9	7		9	3402
	8	4	9	3			13824
	7	6	9	7	9		-
		8	8		8	3	6144

MULTABLE EXERCISE #85

8		9		2	8	13824
5	1		8	9		15120
	8	6	2		6	4608
3	1	7	1			84
		6	2	2	6	864
7	7	6		4	4	-
10080	336	-	384	576	27648	

MULTABLE EXERCISE #86

7	6	2			9	2268
7		2	8	9		4032
3	9			7	1	5292
	4		7	8	3	48384
6		9	8	7	9	-
	8	5	4	3		3840
28224	6912	11340	7168	-	1944	

MULTABLE EXERCISE #87

	-	8640	1920	18432	7560	11520
1152		3	2	2	3	
8960	7		1	8		5
7776	3	3		6		4
10368	9	6			2	2
-	8		6	8	5	9
35840	8	4	5		7	

MULTABLE EXERCISE #88

						Product
	6	4	1	8		1152
	9	6	6	9	8	-
3	6	7	6			40824
3			7	3	6	1134
1	5			2	8	640
2	5	6			2	720
756	-	8064	504	11664	4608	

MULTABLE EXERCISE #89

	48	504	6144	-	34992	32256
252	1			7	9	1
3528	1		4	9	2	
5184		1	4	6		8
-	2	9		5	9	9
6912	1	2	6			8
10752		2	4	7	3	

MULTABLE EXERCISE #90

	6912	-	1458	3456	23814	233280
-	8	9	6		7	9
34020		9		4	7	5
3402	2	7	1			9
36288		7	3	4	9	
5184	4			3	2	9
11664	2	9	9	3		

MULTABLE
EXERCISE #91

	4536	6144	2016	192	-	8820
-	9	6	8	8	2	
6720	2			4	7	5
2880		8	4	1		3
16	2		1		2	2
13608		2		6	9	6
4704	3	4	7		8	

MULTABLE EXERCISE #92

	–	432	180	12960	648	1792	
	6	3		2	3		1512
	6			4	3	4	8640
	6	1	3	9			648
		1	1		1	2	18
	9	8	6	5		8	–
	8		1		3	4	1152

MULTABLE
EXERCISE #93

1		7		4	1	112
4		7	4		3	24192
	9	4	9	4		15552
7	9	9	6		9	-
	1	2		8	4	3136
2	9		2	6		3888
1568	13122	-	6048	6144	972	

MULTABLE
EXERCISE #94

	8640	768	-	720	10584	448	
	8		4		8	4	8192
	2	4	7			2	3024
	9	1	6	6			2268
	3			5	3	7	3780
		6	4	4	7	4	-
		4	7	1	1		224

MULTABLE EXERCISE #95

	4536	24300	5376	-	21168	1152
5760	3		8	8		2
3360		6		5	7	1
62208	9	3		9	8	
21870	6	9	1			9
420			6	7	2	1
-	7	6	7	6	7	

MULTABLE EXERCISE #96

9	4	5		7	8	10080
	1		2	1	3	768
6		1		9		3888
3	1	5	8		9	3240
		1	6	9	6	8748
6	6		2	8		—
15552	648	1200	12288	—	3888	

MULTABLE EXERCISE #97

	10752	9720	19845	–	14580	4536
16200	8			9		3
–	5	6	7	8	9	7
70560		6	7	7	5	
1008	7		1	8	3	
13608	3			7	4	2
2916	1	3	9			6

MULTABLE EXERCISE #98

9000	5184	8064	10368	3402	–	
9	3	6			7	4536
	3	6		9	9	17496
5			8	7	9	20160
5		7	9	1		2520
	6	8	8	3	7	–
2	6		3		3	3888

MULTABLE EXERCISE #99

	1920	5040	6912	-	6300	3024
5670	1		3		5	6
3360		7	2	6	5	
1680		2	4	6		7
-	2	5	6	8	7	
6048	6	4		7		1
3456	4			1	6	9

MULTABLE EXERCISE #100

-	7840	7680	27648	1512	54432	
9		8	6	8	9	-
9	5		4		6	6480
	7		6	1	7	5292
4		8	8	7		32256
8	8	5		1		10240
4	7	6			4	18144

www.ingramcontent.com/pod-product-compliance
Lightning Source LLC
Chambersburg PA
CBHW080708190526
45169CB00006B/2297